ドベとノラ

2

犬が結んだ
ご縁

A connection
made by the dogs

ヨシモフ郎

KADOKAWA

プロローグ 

チャッ
チャッ
そんな時は
君に
たまらなく
会いたくなる

君の声が聞きたい

君に触れたい

あんなに当たり前で
簡単な事だったのに
今は叶わない

涙が出るのは
愛してたからじゃない

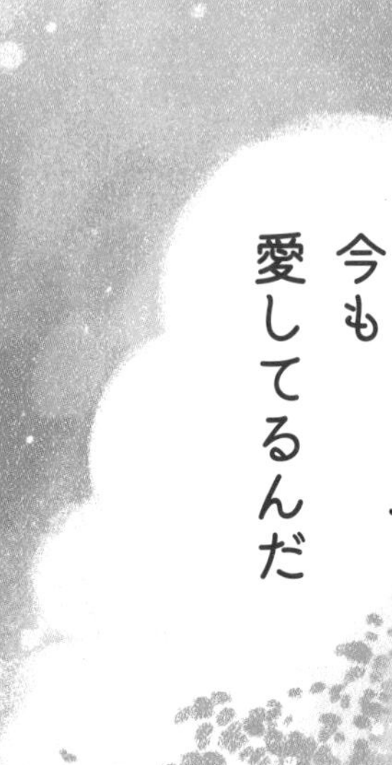
今も愛してるんだ

ぐいっ
カチ
パラ
す
描こう
愛しい君から
始まる
大切な話を

君からつながる
この優しい世界の話を
犬が結んだ
ご縁の話を

登場人物

ドベ

黒毛のドーベルマン♂。
2010年1月4日生まれ。
ポジティブな性格。
虹の橋を渡ってからも
常にそばに感じる存在。

ノラ

シェルター（保護施設）から譲り受けた
元野良犬で元野犬♂。
ドーベルマンに似ていると言われうちに来たが、
犬種は謎。冷静沈着で侍のようなタイプ。

姉

猫飼い。
モフ郎と仲がいい。

父

自称動物嫌い。

ヨシモフ郎

作者。ドベとノラの飼い主。
犬達を幸せにするために生きている。
もともとはヒキコモリで
コミュ障のゲーマー。

シロシマ

姉の飼い猫。

茶々

保護団体の要請で
預かることになった放浪犬。

ほごねこーず

モフ郎宅の庭に来たために保護することになった、
ちっぽ、うちゃ、むー、ちゃとーと、
ミルクボランティアの家から預かった保護猫のナッツの5匹。

Contents

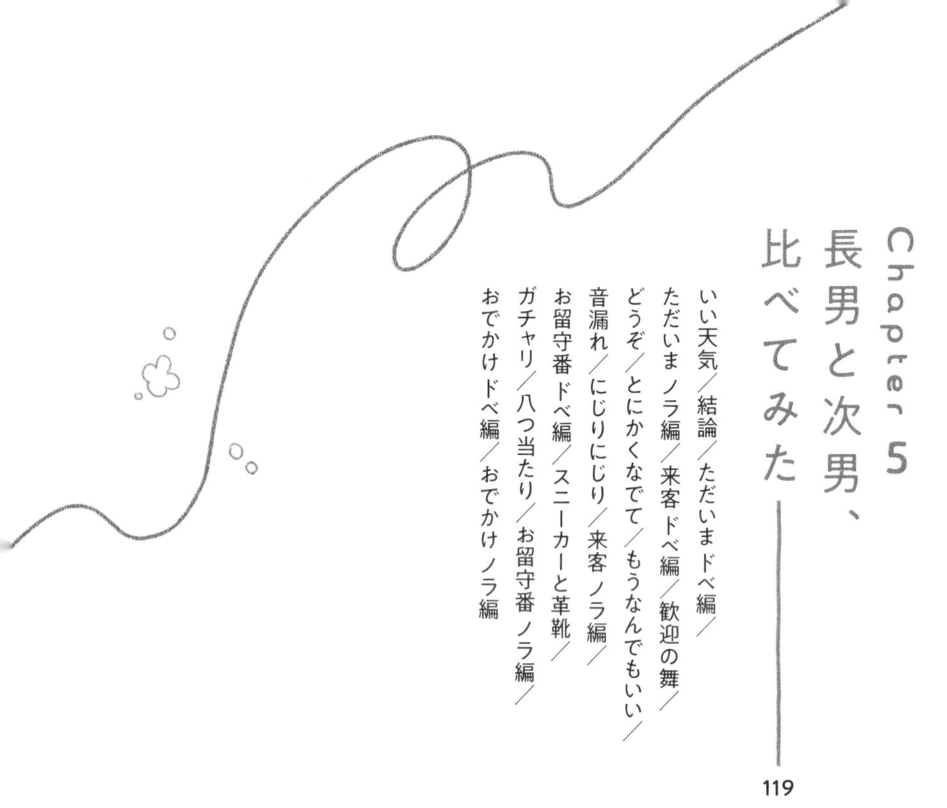

Chapter 5 長男と次男、比べてみた

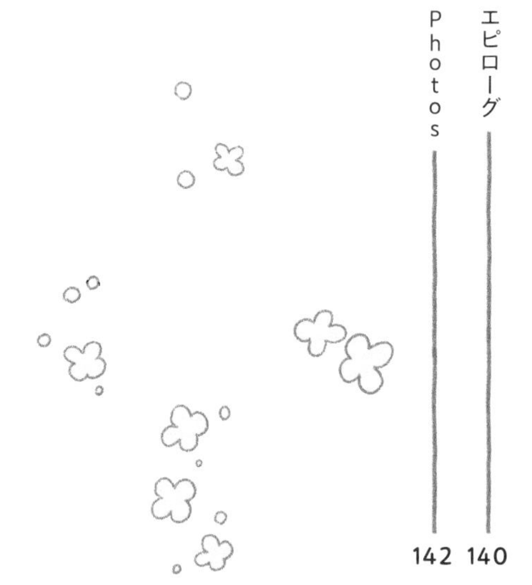

DTP 東京カラーフォト・プロセス
校正 麦秋アートセンター
デザイン アルビレオ

Chapter 1 いつもそこにドベがいた

ただし

黙っていれば

でへー

かぱぁぁ

お口がゆるいのでいつも笑ってる

でへへへ

カッコイイ写真を撮りたい時
お口閉じて
くいっ

キリッ
そのまま
そのまま
カッコイイ!!

ちょい待ってて
カメラカメラ

カシャッ
くぱ

おしい

カッコイイ写真を撮りたい
第2戦
お口閉じて待ってて
かぽっ
?
待って
んー。。
待っ
あ
くぱっ
ごしゅじんが
なんか
こっち
みてる
舌が横から出てる!
せめて真ん中から出し…
ヨダレエェ
だら

お散歩中
ギャン
ギャン
ギャ～ン

あたるよ
ゴッ

なんか
ネコ
ぶつかってきた
…そだね

るっるー
さんぽ
さんぽ
ひら

落ちるよ
ちょうちょ～
ひらひら～

!?
ドブッ

帰ったらまたフロか…
ドブ
ドブドブ
ザブザブ
バシャ

うみのひ

犬という文字

犬の幸せ＞＞||＞＞人の苦しみ
越えられない壁がそこにある

その胸に手をおいてかんがえてみろ

ズドン!! 

ワクチン後の病院の待合室で
バニバニ柴の友人とばったり会った
あ
あっ
あっ
あっ

あらら～偶然～
ですね～
あ そういえば！
この前出来たステーキ&ドッグカフェ大型犬もOKらしいですよ

えっ本当!?
犬用馬肉ステーキと豆乳ケーキもあるらしいです
ステキ～
セットを頼んだらワンドリンクサービスでヤギミルク付き

ちょっとお高いですけどね
人もたべると3千円します
え～でも一度は行ってみたいね～
行ってみたいですね
この後ランチ行っちゃう？

みんなお注射頑張ったし！ごほうびに行っちゃおっか！
いいですね
ワァ
ワァ
ワァ
やったぁ!!
ヤギミルク～
ケーキ!?
ステーキ!?
えっ
ドベ家さーん

ワクチンと健康診断ダニ予防12か月分とフィラリア予防8か月分で
あわせて5万3千5百円になります

バニバニ柴さん12万7千4百円になります

また今度にしましょう
そうね
えっ
えっ
えっ!?

もたざる男

鈍感さが救い

事件です 

今だけはアカン

モテないドベだが
実は幼馴染の
恋人がいる
ドベー
だだだ

ジャッグちゃん!!

体重差
約40キロの
恋人達の
45キロ
ジャッグちゃ
ドベー
4キロ

頭突き愛

吠え愛
噛み愛

引っぱり愛
ガブゥ
ブラーン

こうして日常的に
ハゲが増えていく
キュゥ
きゅぅ～ん
かまれたよ
いたかっだよ～
このキズが…

が気にしない
ふたりの
愛の証♡♡

M男の本領発揮

恋人宣言 

40kg差の恋人達の戯れは
ジャックちゃん
ドベ

リアルだとこんな感じなので

知らない周りの人にいらぬご心配をかけてしまう
キャー
助けて！
小型犬がドーベルマンに襲われてる！
いやいやいやいやいや遊んでるだけです！

ジャックラッセルが殺されちゃう！
止めて！ドーベルマンの人！何やってるの!?
かわいそう！
大型犬はどうしても悪者扱いされてしまいがちなので
まぁ…うん…わかるけど…

じゃん
Tシャツ作ってみました!!
LOVE
ドベ
ジャック
スキ

理想
ひと目でわかる！仲良しペアルック

現実
ムチッ
服拒否

5分後
満足

ジャックちゃん 

ジャックちゃんは
ドベの1か月
年上の幼馴染
ジャックラッセルテリア
ラフコートの女の子

見た目は
かわいい天使だが
きゅるん
ガルルル
中に悪魔が
詰まってる時がある

売られたケンカは
買い
ガァ
やんのか
売られてない
ケンカも
わざわざ
買いに行く

そして人間に
けられたら
あっ
ごめん
トュ
飼い主
だろうが

けった足を
噛みに行く
この左足ガ!!
ガブッ
イタイ!

しかしモフ郎は
足が当たっても
あっ
ごめん
トュ
噛まれない

なぜなら
左足ィ!!
ガブッ
キャイーン!!

ドベがかわりに
噛まれるから
ごめん…
え??
なんで??
今かまれたの??
へ??
え??
ハッ
おさそい…!!!?

もっもっもっ

もぐもぐ
ちょっと!!

なんで私がいるのにボールかんでるのよ!!

ゲシ
ゲシ
かむなら私をかみなさいよ!!
バーン

おっ…
草☆ドン

わ゛ぶ
ぴょっ

もぐ
もっ
もっ
もっ
もっ
……

悦う〜〜

中身は同じ

自ら噛まれに行くスタイル

なんで入った？

むぎゅ

ジャックちゃんと
お泊り旅行
今晩のお宿は
ケージスタイル
ガシャー

ドベも
ジャックちゃんも
ハウス入ってー
はーい
はーい

ちょん
よっ
チャッ
そっちはドベのだよ
退かないとドベが
入れな…
って入るんか

くる
くる

どさっ
ぐえ

むぎゅう

スヤア

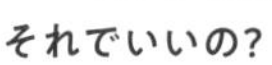
それでいいの?

南国の雪

南国の民は雪が降ると
えっ
雪!?
ガタッ
ピコン
雪降ってる!
ユキーッ!!
雪だ!
はしゃぐ

1cmでもつもると
カシャカシャ
つもった!
地面白い!
つぷ
めっちゃはしゃぐ

ピコン♪
田可井山に雪が1m以上つもったって!!
マジですか!? 行きたい!!
明日行く?
行かねば!
行こう!!!
行くぞ!!!
1mは憧れで夢

そして銀世界を求めて旅に出る
雪山仕様の車にのり合わせてGO!To!銀世界!!

雪合戦 初戦

おぉ〜
この辺り雪がまだ残ってる!

雪玉作って〜
ぎゅ ぎゅ
なにしてるの??

ほ〜れとっといで〜
ぽーん
わーい

ぼふっ
ビタッ

消える魔球

雪合戦　第2戦

もっかいなげて！
つぎはとる！！
ぎゅぎゅ
いいよ〜
なにしてるの？

雪玉投げてるよ
イホね！
ドベはへただから
私がとってあげる！
へたじゃないし!!

ほ〜れ
ぽーい
わーっ
わー

ぼふぃん
ビクッ
ビタッ

やっぱり消え…
おばかね！
うまったのよ！！
ほるのよ！！
ほるの!!!

・・・・・

？ 消え ？ ？？ ？
ほらーとれないじゃん
プププ
プスー

雪合戦　第３戦 

ププスー
ほーら
とれないじゃん
そんなはずない！！
ここに！！
おちたの…！！
みたのよ！！
ズババババ

ぜったい
ここに
あるの
ここに
ぜったい
あるの…！！

ぜったい
ある！！

あった
お？

？
ほら！！
あったわよ！！
すごいでしょ！！
タタタ

何だろう
これ…
石？土？
もっとほめていいのよ！
もぞり…

モグラー！！
さぁ！！
もっかいなげて！！
もぞ…
もぞ…

雪合戦 第4戦

モグラ
ごめんよ…
春まで
おやすみなさい
ちょっと!!
なんで
うめるのよ!!

はっ
なるほど!!

ほりかえす
ゲームね!!
OK…
ズドドドド
やめたげて!!

雪合戦 第5戦

雪玉
投げるから
こっち
おいで~
わーい
なに
なげるってー?
バババ
モグラ
遠くに
うめ中

雪玉
投げるよ
いいだろう!
ふたりとも
へただから
にいちゃん
がとって
あげよう!
キリッ
へたくないし!!
ないわ…

ほ〜〜〜れ
ぽーい
わーい
わー
シュッ

ガブッ

ジャンピングキャッチ
おーっ
おーっ

たしっ
とれた?
とれた?

……
な…
なくなった
え…?
プスッ
え?

ドベがとったろ!!
ガアッ
とってないし…
いやいや…

へたっぴのドベに
きえるまきゅうが
とれるわけないじゃない
アー…

…それもそうか
うたがった
にいちゃんが
わるかったな
えっ
えっ
えっ?
でしょ?

とったし!!
ぷくっ

わたせ!!
あげないし!!
ぷく
ドッ
それぜったい
もって
ないわよ

忘れない 

ドベが虹の橋を渡ってから
時の流れは
遅く
早く
数年が経った
犬達は変わらず遊んでくれたし

ジャックちゃん家にも変わらず遊びに行く
遊び来た
いらっしゃい

そういえば古いDVD動画出てきたけど見る？
わーい
見る〜

パッ

おお
懐かしー〜
ヴォン
ヴォン!!ヴァオ
このこえほんもの!!
ハッ
ヴァン
どこ!?
どこにいるの!?
うろ
うろ
うろ

ゔぉん
キャン
今まで
どこ
いたのよ
でて
きなさいよ!!
キャン

ほら!
かいぬしも
なんとか
いいな
さいよ!!
キャン

キャン
……ん?
…
ちょっとー。。

なに
へんな
かおして
るのよー

はー
もう
しかたない
わねえ

ほらだっこ
きらいだけど
とくべつに
させて
あげるわ

まったく
ドベも
そのかいぬしも
こまったものね

君は優しい

おぼんぼんぼん

おぼん♪
ぼん
ぼぼん
ぼん♪
ん？
うま馬

このキューリ
うまうま
このキュウリ
頭がよく外れるなー
ポリ
ポリポリ
ポリポリ

ついたからけしとこ
カチッ
せつでん せつでん
あれっ
提灯消えてる
電池切れかな？

おみずにしとこ
なつだし
ピッピッ
プールプール
えっ
なんか風呂が
冷たい！

さいっぱい
あそんだし
もどるかな
チャッ
チャカ

また
らいねん
ぐっ
ばい
ばーい

でもね

ほんとは
ちまちま
みにきてるんだよ〜
ないしょ
だけどね

Chapter 2
孤高だった
ノラ、
友達増える

ノラ

ドベとノラ
次男「ノラ」は元野良犬
我が家に来た時は推定1歳未満だったけど
あれよあれよとドベの年齢を越えた

まだ老いを感じる事はそんなにないけども
これから白毛とかも増えていくんだろうなと思いながら

「ノラじいちゃん」と呼べるくらいまで
1日
1時間
1分
1秒でも幸せに生きて欲しい
すぴょ

飼い主の
ささやかで
贅沢な
たった1つの願い

蝶よ花よ？

ワンダフルワールド

ぐっしょり
ただいまー…… ぬれたーー!…

ちょい待ってて 今タオルを

るんっ
ぼん
ぴぴぴ

ぐっしょり
す
さらっ
ふわん。

さらりん
超撥水

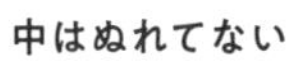
中はぬれてない

よるんぽ 

めっちゃ散歩行った

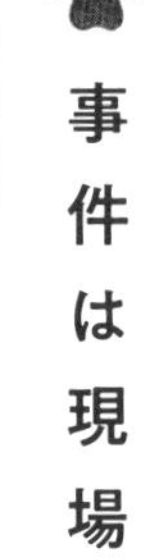

事件は現場で

ノラの最初の友達は
バニバニ柴家
バニ 兄
バニ 弟
柴じい

しかし漫画にはあんまり出てこない
弟
なぜなら

何も事件が
起きないから

何？
いえまってください!
じけんなら今おきてます!

しっぽふまれてます!

ごめん
退けようか？

あ、いえ
どかすほどでは
平和

運命の出会い

いえ、犬ちがいです

君の名は？①

というよりほとんどの
犬友の飼い主さんの
名前がわからない

君の名は？②

田な…

え？

いきなり復活の呪文唱えられた

そしてまた名前を
聞くのを忘れる
復活の呪文も覚えてない

君の名は？③

聞くの諦めた

君の名は？④

犬の名前は1回で覚えられるのに…

キラキラおめめの秘密

越えられない壁

春はしっぽからくる

はるさんぽ

春
散歩道で出会う
綺麗な花たち

春を喜ぶ
鳥の歌

ケキョ
ケキョ
チチチ

やわらかな
木漏れ日の中で
輝く犬

そう
最高の時間

花粉さえ
なければ

だ

眼球取り外して洗いてえ

犬飼いどもが夢のあと

誰か早く
当ててください

育毛

ぽかぽか陽気のドッグラン
あれ?
ノラくん待って

しっぽに冬毛残ってるよ〜
むしりっ

え…?
む…むしられた…

育ててたのに!!!
わあん
えっ?ごめん!

育ててた

ごめんね
あ!
代わりにうちの子たちむしっていいから!
しくしくしくしく

ゴールデンレトリバァァァン
ムナゲェェェェェ

悪くないす…
本人たちの知らぬところで裏取引が成立した

ゴールデェエェエン✧

ゴールデンレトリバーを
むしる
？
わくわく

ふすっ
おお

すすす
おおおお
ぬぬぬずずず

ごっそり
おおおおおおおお
おおおおおおおおお

もふもふ
もすもす
しゅすす
しゅす
すしゅす
カチッ
ぽい
もさあ
45L

もす
もす
すす
すす
しゅ
すもす
カチッ
ぽい
もっさあ
45L

すす
すしゅ
もすす
もす
もす…
これ…

ゴクリ…
このままだと
いなくなるんじゃ？
45L

簡単な引き算

自分の持ってるこれはなに？

おふとぅぅん

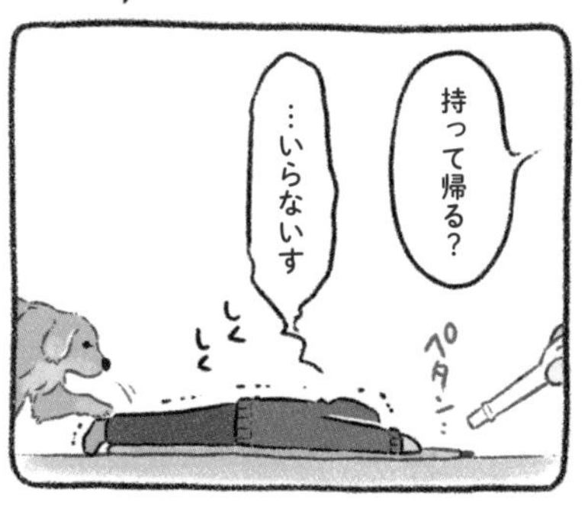

カッチンコッチンになった

ゴールデン★ウィーク

3年ぶりの自粛要請なしのゴールデンウィーク
朝起きて
ねむい…

散歩して
うと うと
うと

朝食食べて仕事
カタ カタ
カタ カタ

昼ご飯食べてちょっとイチャついて

仕事
カタ カタ
カタ カタ
カタ

散歩して夕飯食べて

お絵かき
カリ カリ
カリ

やばい…
ゴールデンウィークっぽい事を何もしてない!
ゴールデンウィークが終わってしまう!
カリカリ

なんか!!
なんでもいいからひとつくらいゴールデンウィークっぽい事がしたい!!
何か!!
何か!!!
ん?
ハッ

めっちゃ・・・・ゴールデンウィークしてた

中型犬

ノラは中型犬だと思ってる

小型犬

恋する少年

ご近所さんのワイフォくんは
!!!
桜舞う中
ノラを初めて見た瞬間

スキィ!!!
恋に落ちた

そして
スキ
スキ
スキ
ころん

順調に
スキ
スキ
スキ

スキ
スキ
愛を
ペロペロ
ペロペロ

おみみおいしっ〜〜
スキッ〜〜
育んだ
ペロペロ
……。
が

夏の終わりに
愛を揺るがす事件が起きた
スキィ〜〜

ノラと海

遠出して海に来た
うみー!!

ノラとワイフォくんは
生まれて初めての海
うみ?
うみ?
うみだあ〜
うみね!!

ノラは水に対してこんな感じ
お風呂 キライ✕
雨 大キライ✕✕
雪 スキ♪
足湯 スキ○
プール あれば入る△
川 スキ○
沼 大スキ♡
海 …?
NEW
果たして海は…

わあ
わあ
バシャ
バシャ
スキ!!
よかった〜

海と恋

ヴゥーん‥
海っていうのにきたけれど…

ん?
なんか水がおそってくるし
この水変な味するし…
なんかべたべたするし…

ああ…
青い空
白い雲
透き通る海
輝く水飛沫と
愛しい恋人

海
最高‥

がんばれ～
スイム スイム
よいせ よいせ
ノ～シ～
ザバ
ザバ

つーかまえた♡

ゴボッ
!!??
きゃ～♡
バシャ
バシャ

ゼェ ゼェ
ハァ ハァ
ハァ ハァ

ゼェ…
ポタ
ポタ

ゼェハァ
ゼェ
プチン

バカンス中の美しい海にて
ワイフォくん
イイカゲンにしとけよ
ゴアアアア
ギャイン

フンッ
フラれる
ぴえぇぇ…
なんで…？
なんで？
ガタ
ガタ
ガタ
ぶる
ぶる

敗因：重すぎる愛（と体重）

失恋した男

こわい……
ガタ
こわいよ……
ひどい……
なんで？
ガタ
ガタ
ガタ

ガタ
愛を
つたえた
だけなのに……
ガタ

ただ
愛を……
ガタ
ガタ

やっぱり
スキ

ア？

エンドレス

納得がいかない乙女

スキ

アゞアゞ？

…ねぇ
なーに？
スキ♥
ぴえん

でもスキ♥
ここにうるわしの乙女がいるのにおかしくない？
ん？
ぴえ〜ん

それでもスキ♥
ちょっと！わたしのみりょくをいってごらんなさいよ
ん？
ぴえん

30字でかんけつに!!
30じ……
えっと

はやく!!
ぼくは
のほん

ごしゅじんとボールしかきょーみないからわかんない
のほほん

100年の恋

ワイフォくんは
今日もノラに恋してる
スキィィ

何度フラれても
諦める事なく
愛を貫き
やめろ!!
ぴえん…でも
やっぱりスキィィ
愛を語り続けて
早幾年
今日もスイキィィ

諸事情でしてなかった
去勢手術を
する事になった
今日もかがやいてるぅ
イラ…
Golden Balls

術後

術後
遊び来たよー
ノラアアァァ

いらっしゃいノラ～

ずーーん

あれ？

現実

ずどぉ
おん

え…？
あれ？
こんな大きかったっけ…

くろかったっけ…？
こんな

ぽふん

で
ヴル
ル
ぴえっ

で

ワイフォくんは去勢手術でゴールデンボールズを失い
ガタ
ガダ

こわい
こわい
こわい
ガタ
ブル
100年の恋から覚めた
ガタガタ
ブル
ブル

失われた物

ワイフォくんママ

海で泳いで

山に登って

遊んで

夜遅く
帰宅

楽しかったけど
さすがに疲れた
ん———…
さて
この「犬旅」は

犬に
付き合ったのか
すぴー
ぷー
犬に
付き合って
もらったのか

わからないけども
おやすみ～
たくさん
寝たら
また
旅に出よう

Chapter 3
茶々のお話

わが家には
たまにドベとノラ以外の
犬や猫がいるので
ヨシモフ郎はたまに
保護活動家と
間違えられるけど
答えは
NO!
ちがうよ
でもドベと
暮らしている時に
【保護犬】と呼ばれる
存在を知って
保護犬の
友達も増えた

その後
ご縁があって
我が家に来たノラは
たまたま
元野良犬で
元保護犬
山育ち

だからかどうか
知らないけど
なぜか
野良犬や
野良猫をよく拾う
なんか
みっけた
みぃ
みぃ
ひろってください

そんな
ある日
突然
我が家に
やってきたのは

ガリガリに
痩せて放浪してた
茶色の犬（茶々）

小さな5匹の
子猫達（ほごねこーず）
6つの
ご縁のお話

いっすよ
始まりは
雪がチラつく
寒い冬の日
保護団体
数日前から放浪の通報が来てた犬を役場がどうにか捕まえたんだけど
RRR
はい
ほう
すごく吠えるし
めっちゃ噛むらしく
わあ…
このまま保健所収容だと殺処分対象になる可能性がある
ええー…
今日金曜日で土日は役場も閉まって行き場がなくなるから
今日中に役場に引き取りに行ってくれない?
ふむ
引き取りに行けばいいですか?
出来れば土日だけでも預かって欲しい
土日2日間か
いいっすよ〜
この安請け合いでこの後4か月一緒に暮らすことになる
ギャンギャギャン
お
きたきた
オツカレサマです
いや〜良かった
どうにか捕まえたのは良かったんだけど
すごく吠えるし噛むしで…
今は裏の害獣対策工具置き場に入れてるんだけど…
わかりやすくうるせえ
じゃあ開けるね
ガチャガチャ
ういす
あ
皮手袋いる?
わあー…
そのレベルか〜

イヤイヤ怖い

生き残りをかけたサバイバルが始まりそう

ヴヴヴヴ…アア…ア？ 

ちょろかった

ねえどこいくの？
病院
車も抱っこで
普通に乗ったな
？
いやぁあああぁ

ガンバ
いやぁぁ
うらぎりものぉぉ
やさしくしてくれると
おもってたのにいいいいいい

はいじゃあ
怪我見せてね～
先生
ナ～んなああぁ
きらいだ
だいっっっきーらいだ
ああぁ

はいはい
いい子いい子～
頑張ってるね～
きら
だぁあああ
いい子だね～
きら……
い……
い……
すき～
もっとさわってえ
スキ
スキ
スキ
カルテの名前
どうします？
茶色いから
茶々で

ちょろすぎる

お風呂

ただいまー
ここおうち?
そだよ
わーい
まず先に
まさか…
え…っ?
怪我も酷くなかったみたいだし
お世辞にも綺麗とは言えないから
くさいし
シャワワ
うらぎりものおおお
わしわし
なでなで…

ドライヤー

はい乾かすよ
ブォー
いやあああ
これいやよおおぉぉ
ぎゃああ
あああっ
ほかほか
ほか
すぴょー。。。
ゴー
寝た

あたたかい部屋 

すぴょー
リビングに抱いて移動しても起きないくらいガン寝してる

まあでも最初に役場に通報が来たのが3日前だと聞いた
ここ数日は雪が降ってたはず…
すぴー

そんな寒い中で食べ物も水もなくウロウロして

時折網とか持った人間に訳も分からず追いかけられて

役場でご飯と水はもらったみたいだけど
あの暗くて寒い倉庫でひとりぼっち

泣いて泣いて
鳴いて鳴いて

すぴー
…お疲れ様
安心してもう大丈夫だよ
ほか

ほか
短い間だけど
ちゃんと守ってあげるから

初めての夜

ぴーひー

寝室

ノラと茶々

毛布とか洗ってくるね
じっ
えっ犬!?
犬がいる!!

我が家はよく
犬の友達が遊びに来たり泊まったり
すんすん

友人の犬を預かる事もあるので
ノラは基本
くるっ

スルー
興味無。

おやすみ

今日はもうリビングで寝るか
4時だし…
ずるずる

すとん
てててて

すりすり
はいはいおやすみ
人への甘え方を知ってる確実に飼われてた迷子犬だな
元の飼い主がすぐ見つかるだろ

え？

だっこでしごと中
あ
カタ
カタ
すぴー

トイレ行ってくる
ちゃちゃもついてく〜

来なくていいよ
ピシャン

え。。。
なんで。。。え。。。？

スイッチ

おおおおお
おお
し。。。しめられた。。。
おいてかれた。。。
ヒッヒィ…
トラウマスイッチ
カチッ
ON
うわああああ
おおああ

いやだああああ
ここでひとりさみしく死ぬなんていやだああああ
ギャー
ギャ
ガタガタガタ
ゔおえええ
ずっずっ
ゲロ
ゲロ
ゲロ
ゲロ
ガリガリ
ガリ
ガタ
ガタ

ゲゲロゲロ

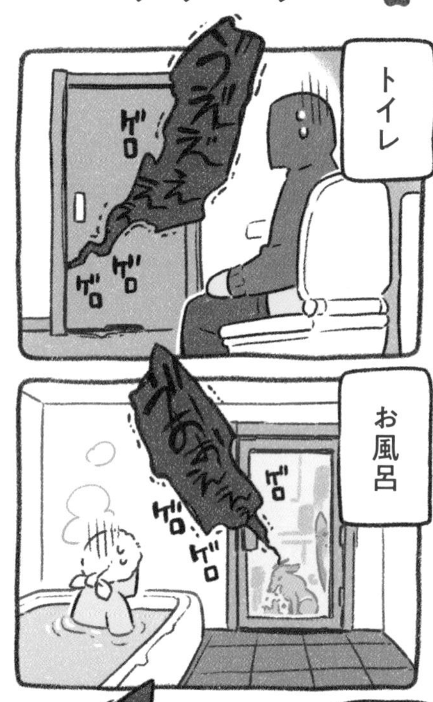
トイレ
うえええぇ
ゲロ
ゲロ
ゲロ
お風呂
ヴおえええぇ
ゲロ
ゲロ
ゲロ

郵便物受取
サインおねがいしゃーす
ども
うぼぼぼ
ゲロ
ゲロ

姿が見えなくなったら
秒で吐く
また!?
これもダメなんか!!

解決策

トイレ
じっ

お風呂
じっ

その他諸々
じっ
むきゅ

姿が見えてればギリOKなのか
えへへへへ
嫌なレベルのストーカーが爆誕した

どうしても郵便局に行かんといかん！
30分…イヤッ
20分で急いで帰ってくるから！
ごめん！留守番宜しく！
バタン
ガラガラ
inケージ
いそいそ
えっ
20分後
ただいま
ガラ
おかえ!!
だっこしてぇ
わーい
ってなんで茶々が玄関にいるん!?
うわああ あっちこっちにゲロゲロが！
トイレもいっぱい漏らしてる！
しかも踏んだろコレ！
キッチンのベビーガードが破壊されてる！
フードが入れ物ごと破られてる！
15kg
もえる
ゴミも漁られてる！
ソファが食いちぎられてる！
カーペットも一部なくなってる！
入れてた鉄製のワイヤーケージが食い破られてる！
嘘だろ!?
たった20分で事件起きすぎじゃない!?

家族探し　どこから来たの？

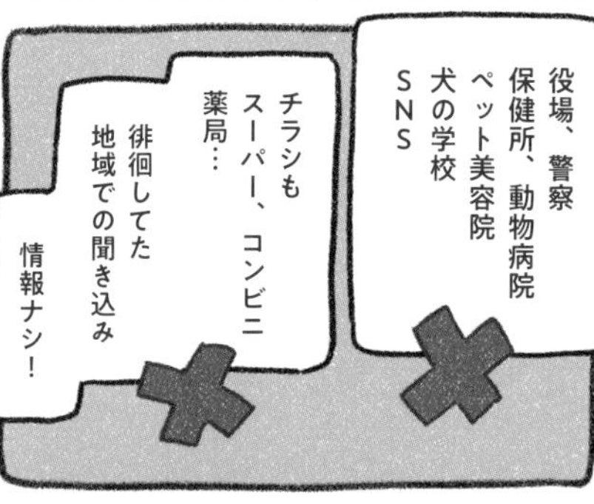

太らない

歩く姿は芋ケンピ

眠る姿はシナモンロール

友人からはガリガリ君と呼ばれている

我が家に来たからにはちゃんと太らせる！とフードを変えてみたり手作り食とかにもしてみたけど
お腹を壊しやすくなかなか太らない
最近は吐いてないし食欲はあるんだけどな
うまうまっ

療法食

うーん
パラ
低体重域から出ないね
療法食試してみる？
といって病院で処方されたフードは

穀物が主原料の肉ほぼナシ療法食
えっ
原材料名
トウモロコシ
犬は雑食とはいえ食肉目なのにこんなのあるのか！
大丈夫!?

そんな不安をよそにこのフードが茶々の身体にヒットした
体重が順調に増えてるー！
目標値
危険値

しかしこの少し高めの療法フードがこの後里親探しの壁となる
1kg…3,500円～
月に4～5キロ必要

となりのごはん 

茶々が療法食になって
2匹のごはんメニューが別々になった
フード＋ササミ＋レバー＋ホウレンソウ
NORA
本日のトッピング
フード＋サツマイモ＋コーン
CHACHA
ごはんだよ～
ごはん♪
ごはん♪

まて
STAY
じっ

よし
OK!
うまうまうま
うまうま
ガッ
ガッ
ガガガ

まず自分のを食べ
もぐもぐ
もぐもぐ

相手の残りを確認
ペロペロ
ペロペロ
くる
くる

自分のを再度確認
ペロペロ
ペロペロ
くる
くる

NORA
CHACHA
ピッカ
ピカ
お皿が超綺麗

茶々とぬいぐるみ

2か月後

耳

アシカっぽい

そっちはダメ

茶々のずっとの家族を探すために譲渡会へ
頑張るぞーー！
おでかけ!!
つきそい

茶々は誰にでも愛想がいいので譲渡会でも人気
うわあああい
なでて
なでてえええ

そしてそれより
ガヤガヤ
ワイワイ

なぜかノラが人気
ワイワイ
なんで？

やらんし

茶々は譲渡会で人気者で結構応募があった
が

番犬が欲しいから吠えて噛む犬が欲しい
すみませんこちらの団体の規約上番犬としてはお譲り出来ないように決まってまして…
じゃあいらん！

えっ野良犬なのに金とんの!?
もらってやんのに
譲渡金として保護団体に一律の寄付をお願いしてます
じゃあいらん！

えっこのフード高すぎん!? その辺のじゃダメなん？
お腹が弱いのでまずはこのフードを続けてもらってから体調が安定してきたら
じゃあいらん！

赤字

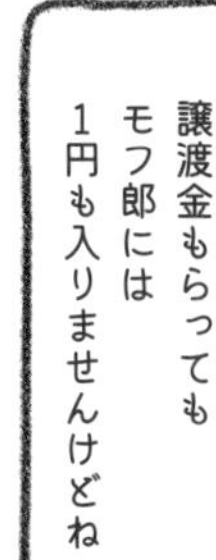

理想妄想

ずっとのおうち今日は決まらなかったねー

よしよし

いいんです次です次！

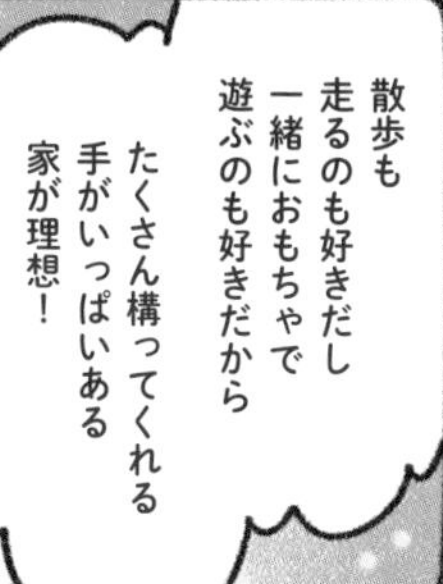

巡る季節 

毎日
散歩で歩いて

山に登って
川で泳いで

ドッグランで走って

学校にも行って
Sit!
?

色んな場所に
遊びに行って
一緒に暮らして
あの日
ちらついてた
雪は
気が付いたら

桜に変わってた

贈る言葉

おすわり
sit
はい
はあいっ

ふせ
down
はい
はあい

まて
stay
じっ
ケーキ…
ケーキ!!
ケーキ!!

よし
OK!
うまっ
うまっ
うまっ
うまっ

ハウス
house
はい
…はあい

おいで～
come
わぁ
わぁ

よくできました

たくさんの言葉を
茶々に教えた
ほめて
とっても♡
なでてっ

言えない言葉 

たくさんの言葉も伝えた
いい子
かわいい
好き
大好き
愛してる
でも
言えない言葉がひとつだけある

ずっと一緒だよ
人生で
ドベと
ノラにだけ言えた言葉
茶々には言う事が出来ない言葉
ごめん

そのかわりその言葉を言ってくれる家族を一緒に探そう
茶々は誰よりも寂しがり屋で甘えん坊
お留守番の時破壊はしなくなったけどずっと小さく鳴いてるのを知っている
ぴぃ ぴぃ
ノラをなでてる時本当は自分もなでて欲しいのを我慢してるのを知ってる
だから
たくさんたくさんなでてくれる手がいっぱいある
大家族がいい
そんな大家族いないかもしれないけど…

トライアル
いた。
8人家族です！
室内飼い予定ですか？
はい！
留守番がまだ少し苦手なのですが
ほぼほぼないです！
今食べてるフードが高価なのですが
大丈夫です！
すご…
こんなマッチする事あるのか…
そしていよいよ里親希望者のおうちで茶々のトライアル開始！
え…
どこ…
ここ…
あれはだれ？
ノラは？
？

そわそわ
トライアル開始後
わずか10分の留守番でケージを破壊し
玄関扉もひっかきまくり前足を負傷
その後も室内の色々な物を破壊
おもちゃ
クッション
ソファー
ゔゔー…ん
キャンセルはまだ来てないけど…
大丈夫かな…
どっちも
その後2週間予定だったトライアル期間を1か月まで伸ばし
梅雨が始まる頃
正式譲渡の希望が来た！
わあい
おいわい？
ケーキ？

記憶喪失

ずっと

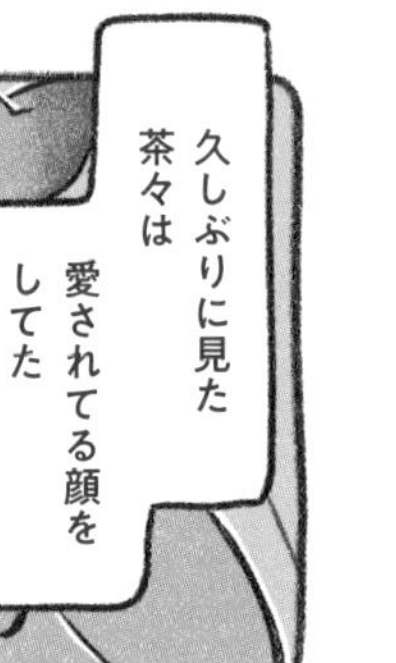

自分が言いたくても
どうしても
言えなかった

【あの言葉】を
もらってるんだろう

Chapter 4

ほごねこーず のお話

野良猫の危険

世知辛い野良猫あるある…

野良猫の引っ越し

好きだけども

野良子猫をベットに連れ込んだ前科持ち

捕獲作戦 

保護団体から捕獲器を貸してもらえたので
ども
ハイ

美味しいごはんを入れて
子猫用ウエットフード
アリよけ水

布をかけてセッティングしたら
体重がかかったら入口が閉まる
呼び餌

あとは様子をみながら
ひたすら静かに待つ

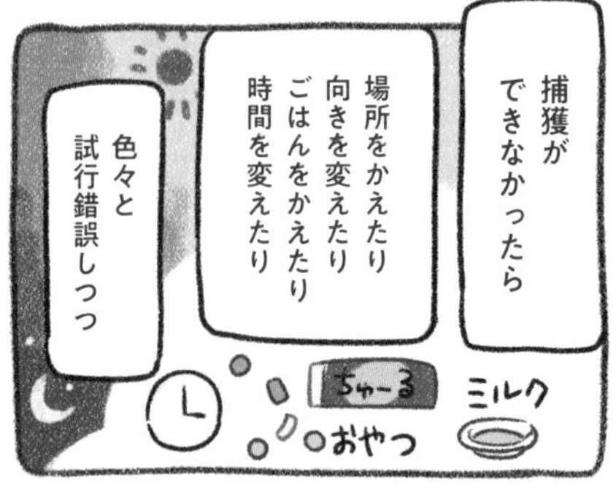
捕獲ができなかったら
場所をかえたり向きを変えたりごはんをかえたり時間を変えたり
色々と試行錯誤しつつ
ちゅ～る
ミルク
おやつ

捕獲出来たら一度捕獲器を消毒してまた仕掛ける
そんなこんなで格闘する事
GET!

3日後

4匹の子猫の捕獲に
成功!!
シャー
ぴえぇぇ
フー

ひえええ

汚れてはいるけど…
健康状態は想像してたより良さそうね
とりあえず…ノミダニ駆除しましょ
了解

たっぷりスプレーして…
プシュー
大丈夫大丈夫
もみ
もみ
もみこむ
怖くないよ〜
もみ
もみみ
モゾ
モゾ
モゾ
ピン

ノミがスゴイ出てくる
ピン
ピン
ピン
ぴええぇ
ひえーえぇ
怖ッ

仮名

捕獲後とりあえず名前を付ける
シャムっぽい
なんかつかまった…?
おっとり
一番大きい
ブルーアイ
オス
ちょい長毛
むー

薄い茶トラの
ぴえええぇ
ビビリ
一番小さい
オス
うちゃ

短い尻尾の
フーッ
白っぽい
ブルーアイ
オス
ちっぽ

そして茶トラの
なんだコノヤロ
やんのかゴラァ
オス
すごくうるさい
ちゃとー

ガブリス

手袋しててもめっちゃ痛い

4匹4色

ノラと子猫

3週間後
くあぁぁ
ノラにも慣れてきて
横で遊んだり
NORA
一緒に寝たりするようになった
しっぽが人気

ちゃとー以外は。
シャアアア

ひとめぼれ

子猫の保護後
団体のSNSや里親募集のホームページに投稿するため
毎日たくさん写真を撮る

ほごねこーずの写真良かったよ～
ありがとうございます
まだ娘の家の猫受け入れ準備には時間かかりそうなんだけど
はい？
STAFF

孫がむーにひとめぼれしたから
むー予約で！
STAFF

おお～やった～
むーの里親が早速決定した

むーが決まって
残り3匹
その日は
ぽかぽか
天気のいい
日曜日
えっほ
えっほ
いよいよ
譲渡会
デビューー!!
里親募集中
ちゃとー
ちっぽ
うちゃ

素敵な家族を
見つけるぞーー!
しかし
あっ
この子
かわいい〜

ファーウ
ビクッ
すみません
まだあんまり人に
慣れてなくて…
ガタ
ガタ

譲渡会で
人気なのは
人が好きで
愛想のいい子
遊び好きで
可愛い声で
鳴いて
なでると
ごろごろ
言ってくれる子
なでて
にゃーん

うちの子達
今回は無理かな…
よし
よし
大丈夫
大丈夫
なぁ
あのー
SNSの写真見て
来たんですけど

ゆっくりと

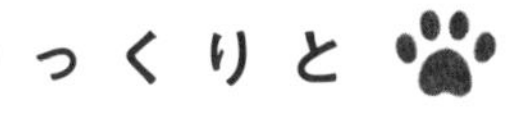

準備万端でした

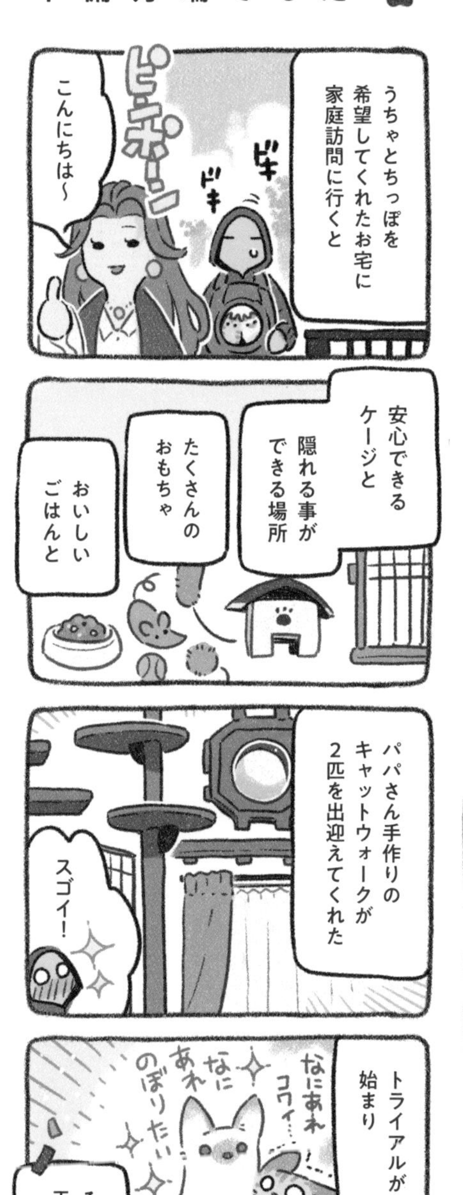

みあみあごろごろ 

うちゃと
ちっぽが抜けて
我が家は
ノラと
予約済みの
むー
ちゃとー
になった

捕獲から
約1か月
この頃になると
ゴロ
ゴロ

みあ
みあ
みあみあみあ
ゴロ
ゴロ

はい
はい
ゴロ
ん

ゴロ
ゴロ
ゴロ
ゴロ
ちゃとーの
人間好き
急加速
ぎゅっ
ゴロ
ゴロ

START
捕獲時
ちゃとー
むー
ヒトメーター
キライ
スキ
ヒトメーター
キライ
スキ
1か月後
ゴロ
ゴロ
ヒトメーター
キライ
スキ
ヒトメーター
キライ
スキ
うるささは
かわらない

もう1匹の子猫 

時間は少し
さかのぼり
夜の
コンビニ
24H

目も開いていない
状態で捨てられた
子猫達がいた
保護団体に
引き取られて

ミルクボランティアが
数時間おきにミルクを
あげながら
どうにか
つないだ
小さな命
家族になりたいと
望んでくれた
人がいて

ミルク
3時間おき
1日12回
ミルクから
離乳食に切り替わった
タイミングで
ごはん
1日3回
ミルクはそえる

ミルクボランティアの
家から
よっしくー!!
預かり宅の我が家に
やって来た

理由は
里親希望の人が
ピンポーン

今日も!
ママが!
会いに
来たよ!!
姉

姉と猫

土日は義兄と姪もくる

足りない

ナッツとちゃとー

ナッツはミルクから人の手で育てられたからか
んく
んく
超人好き

我が家に来た当初からモフ郎に登り
おぉ
とっ
とっ
フリ
フリ
ゴロスリで
なでなで要求
ゴロゴロ
スリスリッ

なにそれ
いいなぁ
いいなぁ

ちゃとーも!!
ガシ
痛アッ!!

痛い痛い
痛い痛い！
ズリッ
うおぉぉ

フーッ
フーッ
ちゃとー
だっこしてぇ…
プル
プル
登れない
ズリッ
ズリッ

むーはのぼらない
COOL

ノラとナッツ

ノラしっぽ 

尻尾がお気に入り

あったかベッド

予約済みだったむー
相手の子猫受け入れ
準備が整い
新しい家族の
元へ
じゃっ

ほっかり
今日は天気も
よかったから
ほかほかベッドが
できた
ナッツ
ちゃと

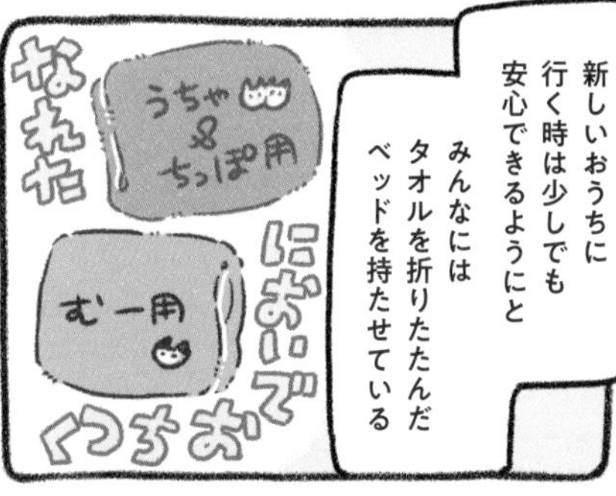

新しいおうちに
行く時は少しでも
安心できるようにと
みんなには
タオルを折りたたんだ
ベッドを持たせている
なれた
うちゃ
&
ちっぽ用
むー用
においで
くつろおで

でも
ZZZ

あとは
ナッツと
ちゃとー用の
2つか
パンパン
ナッツ
ちゃとー

ノラベッドの方が
いいらしい
すぴよー
NORA

段ボールに
入れる
タオルを
折りたたんで
綿たっぷりの
クッションの
上において
汚れても
洗いやすい！
捨てやすい！
モフ家
猫ベッド

上にのりたい
ナッツ
Z
Z
まだ少しこわいから
背中にいるちゃとー

シロシマとナッツ 

めっちゃ跳んだ

1日目

ヒー…
ヒー…

今絶対 ノラが入ってると 思って 近寄ったよね
だれ
ノラじゃない…
なに？ え…
見事に 裏切られた すごい顔してる

ナッツは 大丈…
今なんか いたような きがするけども まあいっか
すやぁ
寝直した すげーな

まあ お互いが慣れるまで 様子見よろしく
すや すや
了解！

1週間

1日目夜
シロシマが夜ごはん 食べなかった
2日目
シロシマが トイレしなかった
3日目
シロシマが ナッツのケージがあると リビングに入ってこない
う～ん
…少し 心配だな
1週間後
様子見に 来たーって
えっ!?
何が あった!?

愛がにおう

あそんで
だっこして
はい
はい

ん？
ごろ
ごろ

よじ
よじ
なんか
カピカピしてる…
そしてなんか
におう…
ああ
それね…

シロシマが
ごはん食べた直後から
ずぅ――――っと
ナッツを毛づくろい
してるから…
ペロペロさせろ!!
全身から漂う
ごはんの香り

主導権

にーちゃんが
ナッツの
せわして
やらなきゃ

ん？
なめて
あげなきゃ

いまじゃない!
バシ
バシ
イタイ
イタイ

さらさら

シロシマ毛づくろい下手説

蹴ッ

猫ファースト

その後
契約更新の時
姉は
仕事辞めた
猫と遊ぶ
遠かったしねー
新居
ほいくえん
会社
モフ家
1時間
3分
まあ…
確かに…
ずっと辞めたいって言ってたしね…
そしてナッツも
姉宅へ無事正式譲渡

こうして3匹と1匹は
新しい家族と
ずっとのおうちが決まって
巣立っていった

ちゃとー

ちゃとーは
その間も
ずっとひとりで
譲渡会に参加してたけど
ちゃとー

ポツン
ちゃとー
誰にも
選ばれることなく

むぎゅっ
一匹だけ
残ってしまった

猫？ 

とうとう
1匹になってしまった
ちゃとー
よし！
もっと
いっぱい遊んで
かまってやろう！
わぁ
いぬ
じゃらし
ねこじゃらし
わぁ
わぁ
ぽーい

とって
きたよ
もっかい
なげて！！
おーっ
おすわり
おて
はいっ
ぽふっ
やさしい
おかわり
はいっ
はげしい
ほめて！！
犬っぽく
なってきた

声もれてる

ねこじゃら〜し
!!!!!
パタ
パタ
ダダッ
マッ
マッ
マッ
マッ
マッ
野生だと狩り失敗するタイプだな…
うるせぇ…

猫も？

キッチン
ごはん
ごはん
ごはん
ごはん

お風呂
ふーーっ

トイレ
ジャー

ストーカーが増えた
ガラ
じっ

となりの水

ちゃとーの
お水は
ケージの中にあるけど
入口あけっぱ

ぴちゃ
ぴちゃ
ぴちゃ
じーー

どうしても
ノラの水が飲みたい
じーーっ
ポタ
ポタ

ぬどーーん
飲みにくくない？

ごはん

ごはん♪
ごはん♪
んあああああ

はい
ちゃとー
るあぁ
トン

はい
ノラ
とん
だーー

るるる
じっ
よし！
うみゃ
うみゃ
うまうま

しゅみ

ちゃとーの趣味は
庭を眺める事
ピ
ピ ピ

自分の毛づくろい

ノラの毛づくろい

パソコンモニターの
マウスカーソルを
追いかける事

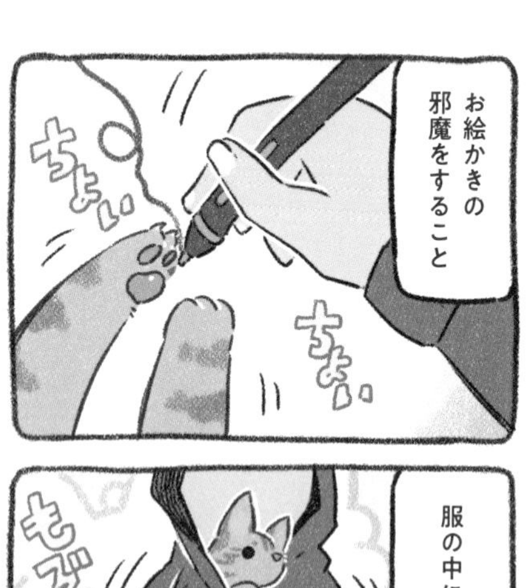
お絵かきの
邪魔をすること
ちょい
ちょい

服の中に入る事
もぞもぞ

指を噛む事
ガジィ
にゃむにゃむにゃむ

噛みながら寝る事
すよ…
ぎゅっ
あむあむ

おでかけ　おさんぽ

抱っこさんぽ

ルッキズム

ちゃとーだけ
家族が決まらないまま
3か月が過ぎた
その間も
写真を撮っては
里親募集サイトに
載せたり
パシャ
パシャ

譲渡会にも
欠かさず参加
ちゃとーも
会場で寝るくらい
慣れてきた
z z z
ちゃとー

しかし
【家族になりたい】という
お声はかからない
募集中!
ちゃとー
決まりました

うーん…
最高に
可愛いのに…
譲渡会
おわりの?
かえるの?

地域性も
あるとは思うけど
譲渡会のダントツ人気は
白猫と
シャム系
さらに長毛で
青い目だったら
争奪戦にもなる

次に
珍しいグレー系
ロシアンブルーぽく見える
うすい方が人気
地域的にめずらしい
茶白や
鯖白も人気
白多めが人気
キレイに見える

その次くらいが
人懐っこいと言われる
茶トラ
茶色がうすい方が人気
ほぼオス♂
鯖トラ
アメリカンショートヘアーぽく見える

三毛や
ハチ割れは
【綺麗に柄が出てれば】
人気だけれど
三毛ほぼメス♀
キレイなハチワレ
ずれたハチワレ
ヒゲ
少し柄が
ずれただけで
声がかからなくなる

黒猫も
一部の人には
熱い人気があるけど
数と人気は反比例
しがち
モフ郎の地域は
黒猫の頭数が多いため
なかなか里親が見つからない
一番声が
かかりにくいのが
サビ
見た目いろいろ
メスが多い♀
優しくて協調性が
あると言われてるけど
見た目から
暗くて地味だと
感じる人が多いらしい
その他にも
病気の有無や
性格
年齢によっても
里親探しの
難易度は
かなり変わる
人間ギライ
噛む
高齢
カギしっぽ
先天性疾患
欠指
エイズ
FIPウイルス
ちゃとーは
茶トラだから
比較的里親が
決まりやすい
毛色のはずだったけど
こいめのキレイな
トラもよう
健康
肉球ピンク
カギしっぽ
カギ尻尾は
ちょっと…
この子
愛想ないね
もっと
小さい子が
いいな
このカギ尻尾が
可愛いのにな－
慣れたら
愛想の塊になるのに
ゔ－－…
生まれた
ばかりの子に比べたら
確かにもう大きめ
保護期間が茶々を
越して最長記録を
更新しちゃったな…
ただいま－…
ふーっ
つかれた－…
ただいま
おかえり
ガシャ
ガシャ
おみやげは？
そういえば
ノラも…

うちの子になる前は
耳が片方変形してるからちょっと…
この子愛想がないね
写真で見て思ったより実物がデカい
って理由で面会後里親を断られたと聞いた
左耳もはやアイデンティティ
それもミリョク的なのにネ
犬も猫も昔より長寿になってきて
猫は30年とも言われだした
そんなに長く共に暮らす
【家族】を【選ぶ】のだから
【選べる】ならそりゃ慎重にもなるよね…
ゴロ ゴロ

ゴロ ゴロ
今日もよく頑張ったねちゃとー
猫を預かって里親を探してると言うと
なんで飼わないの？
飼っちゃえばいいじゃん
とよく言われる
…
このまま…
君を飼えたら
君と暮らせたら
どんなにいいだろうと思う

でも
自分のキャパシティの狭さをよく知ってる
ゴロゴロ

その狭い輪は
今はノラでいっぱいで
まだ1キロくらいしかない
軽くて
小さなちゃとー

その君の一生を背負う
覚悟が出来ない

それなのに君を預かったのは無責任だったのかもしれない
あの時君を保護しない方がよかったのかもしれない
ごめん
ゴロゴロ

ごめんね…
ゴロゴロ

まだ 

そしてまた
懲りずに
譲渡会に出て
お疲れさま〜
里親申込
あった?
…ないです
惨敗

そっかー
まだなのね
まだ?
そうそう
まだ

うちも2年以上
全く申し込みがなかった
子が
この間
ひょって
決まってね
ひょ…

よくあるのよ
本当に
ある日突然
ひょって出会って
ひょって
決まるの
ひょ…
ひょ…

そう!
だから
ちゃとーは
まだ出会って
ないだけ!
大丈夫!!
そのうち
ひょって見つけて
もらえるから!
ひょ…
ちゃとーの
未来の家族は
今どこで
何をして
いるんだろう?
なぁーん
ちゃとーは
ここにいるよ
ここだよー
ここで
待ってるよ
早く見つけてあげて

…………
え？
譲渡会
柴犬を飼ってるので犬が好きな猫ちゃんを探してました
ちゃとーくん希望です
あっ
はい
こちらの書類にご記入お願いします
ドキ ドキ
カリ カリ
あのー
はい
この子いつ頃うちに来ますか？
えっと
団体の審査もあるので1週間後くらいかと…
そうですか
そうか
君が
うちにきてくれるのか
そっかー
嬉しいな
楽しみだね
これからよろしくね

トライアル 

少し遠方まで
ちゃとーの家庭訪問へ
普段の
お出かけでは
静かなのに
今日はめっちゃ鳴く…
なんかバレてる?
新しいお家には
柴犬のお兄ちゃんがいた
?
すん
すん
すんすん

トライアルの
失敗は
家族の
アレルギーか
先住の子との
相性の悪さが
多い
と聞いていたので
気をつけてね

不安を抱えながらも
トライアル開始
じっ
じっ

正式譲渡 

心配をよそに
2匹は意気投合
すぐに仲良しに
毎日
おいかけっこをして

たくさん
遊んで
一緒に
眠る

最後に残っていた
ちゃとーも
無事に正式譲渡
じゃあ
元気でね
ゴロ
ゴロ
ゴロ
なーん

んなーう

ずっと

そして子猫保護依頼から半年過ぎて
ただいまー
ノラとの生活に戻った
おかえりー
家には
ごはん容器
水入れ
ケージ
トイレ
ちいさいベッド
首輪
ハーネス
キャリー

手作りの段ボールキャットタワー
たくさんのおもちゃ
もう必要ないもので溢れていた

片付けて処分しないとな…
やっぱり望んでた事だけど
別れは
寂しい
ピコン
でも
茶々の散歩を子供たちと楽しんでます

孫と一緒に寝るようになったから写真送るね
ピコン

キャットタワーの頂上に2匹とも到達しました！
ピコン

ピコン
今日も二匹は
ずっと一緒です

ピコン
助けてくれて
ありがとうございます
ピコン
大切に育ててくれて
ありがとう！

へへっ
ポチ
ポチ

こちらこそ
家族になってくれて
ありがとう！

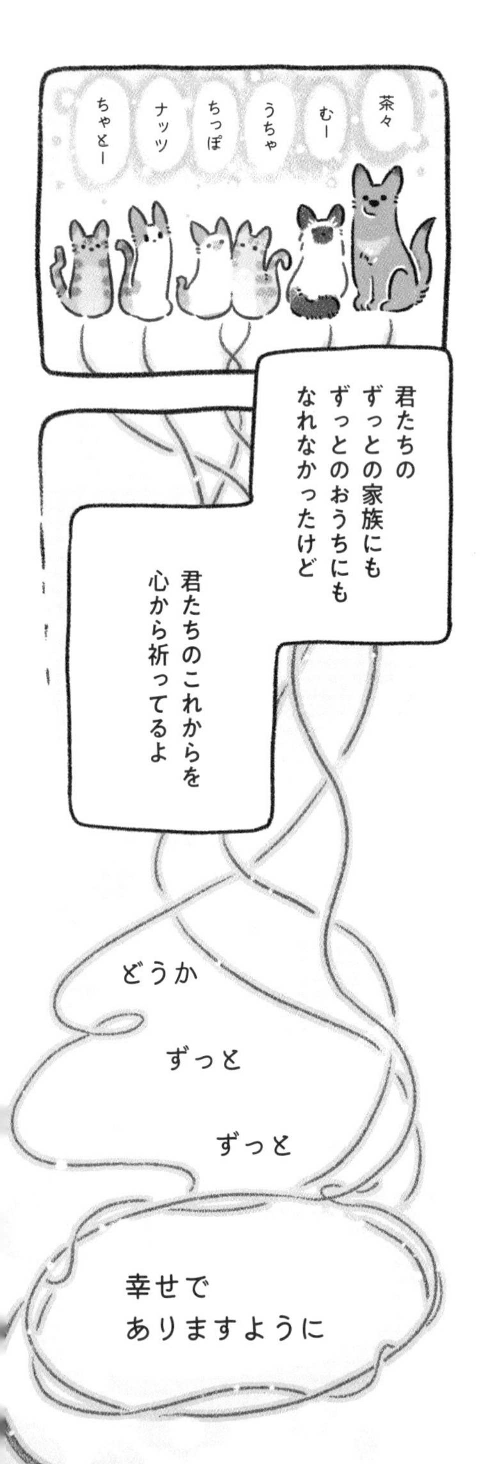
茶々
むー
うちゃ
ちっぽ
ナッツ
ちゃとー
君たちの
ずっとの家族にも
ずっとのおうちにも
なれなかったけど
君たちのこれからを
心から祈ってるよ
どうか
ずっと
ずっと
幸せで
ありますように

Chapter 5
長男と次男、比べてみた

いい天気

ドベは
雨好きだけど
晴れ男
ぱっぱや〜

ノラは
雨嫌いの
雨男

天気の神様は
天邪鬼で
イタズラ好き
でも

晴れの日も

雨の日も
バス

雪でも

嵐でも

犬と
一緒なら
今日も
「いい天気」

結論

満開の桜と犬は
最高
散った桜と犬も
もちろん
最高
少し暖かくなると
川遊びにも行ける
川と犬
間違いなく
最高
海と犬も
当然
最高

雪と犬も
至極
最高
もはや
犬が
最高

ただいま ドベ編

すごいジャマ

ただいま ノラ編

満足するまでなでないと離れない

歓迎の舞

どうぞ
カチャ
おじゃまします
おきゃくさん♪

そわ
とびつきたい

でも
したらダメ…
No!!!
ドベは大きいから相手たおれる!
うーん

みょん
みょん
えっ
何!!?
やめたげて
タッ
タッ

どうぞ

コーヒーでも淹れるから椅子にでも座って待ってて
ちゃーん

じゃあソファに
ちゃーーん

…
あっ
そうか

よいしょっと
よじ
よじ

ここ
あいてるよ!!

とにかくなでて

なでないとコーヒーが飲めない

もうなんでもいい

ドベ…さすがに邪魔だから
じー……
「ハウス」
ガァン

すご
すご
すご

ちら
ちら
ハウス

ぽふっ
…
ぴ…

ぴ――……
ぴぃ――……
ぴ――…
ぴぴ…――
え？ドーベルマンからこんな音出るの？
出るよ

優しそうで騙しやすそうな客用の「ぴい」
客用ぴい!?

呼ばれるのを待ってる

ぴー…
ぴぃ
DOB

ぴ
ぴ
ぴ
ぴー

ぴ…
ぴ…
ぴー…
DOBE

ごろり
DOBE

ごろり
DOBE

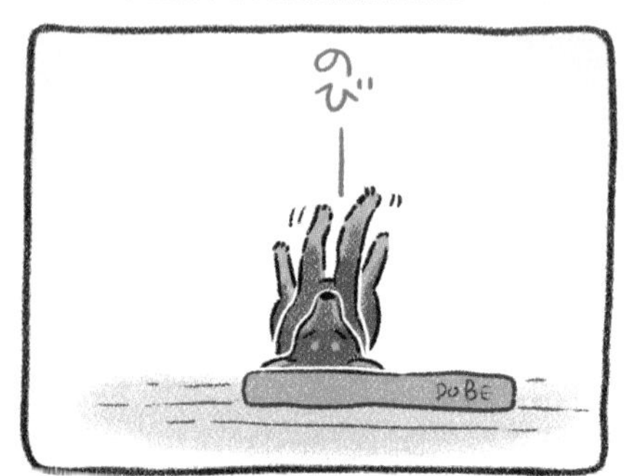
のびー
DOBE

ぱたり
DOBE

のびー
DOBE

にじっ
のび
のび～～ん
にじ
にじ
にじ
にじ
にじ
もう すこし…
ビクッ
えっ!?!?
バレてるよ？
「ハウス」
いやいや ねがえりを うってた だけだし
それにまだ ハウスしてるし!!
ちょん

来客 ノラ編 

おまけ

最後まで同じ部屋にいたことに
気付かない客もいる

せっ
せっ

やった!!
おでかけ!!!

ぼ
とり
FILE
資料ファイル
重要

……
これもってくの

ポーーイ
パッ
わあい

プピピー

よいせ

ぼと
資料フ
重要

ドヤァ
ショートリードもってきたよ
……

えっ
カチャ
DOBE

え…？なんでもどしたの？

ピコッ
あっそうか！

ぼとっ

……
おでかけならロングリードだよね

ええっ
カチャ
DOBE

なんで？リードいらないの？
ハッ
ドッグラン!!?
りょこう!!?

じゃーん

ジャァァ
わすれものないよ
トイレ行ってた

？
ぽいっ
DOBE
ぽいっ

ガ！
DOBE

DOBE
ちょっ
なっ
なんで。。。
ぐっ
ぐぐ

もしかして。。。
え。。。

おでかけじゃなくて。。。

イヤ
おるすばん？？

スニーカーと革靴 

さて でかけよう
ん？

…
どしっ

フフフフフフ
スニーカーはけないし
ゲンカンもあけれない
これででかけられまい
sneaker
ふみっ

フフフ
われながらカンペキ
sneaker

ガラ
んっ？

さっ
え？

詰めが甘い
そっち!?

よっ 行ってきます
カララ
ヒッ

ガチャリ 

カラ
ララ
10分後には親父が帰って来るらしいから
ピシャン
留守番よろしく
いやあああ
イヤ
じじじじゃ
いやぁ
ゲンカンからおとが!!
ザッ
ザッ
ザク

ザッ
ザク
このシルエットとあしおとは

わあっ
はやかったね
おかえり!
ガチャリ
外カギ

八つ当たり 

※スリッパ買ってきて

お留守番 ノラ編 

ん？
カシャン

ちゃーーーん
了解
理解
NORA

ノラは
おるすばんですね？

オヤツで手をうちましょう
ご用意します

せっせっ
PC

じーー
ピ

ピピピ
いつもよりは小綺麗
ピ
ノートPC
なんちゃってスーツ
四角い鞄
ピ
お仕事スタイル
ピコーーーン
チーーン

先に邪魔なのが乗ってた

ノラは助手席派
さーて準備できたからでかけ…
あ
忘れ物した！
ガチャ
大事なやつ
大事なやつ
バタ
バタ

この間海に行ったら汚れてたから洗って干して…
えーっと
ガサ
ガサ
SKEtch BooK

あった！
ドベのストラップ！

よいせ
よし！
行くか！
チャリ
次は何に
出会えるだろう

エピローグ

マジですか!?

!!?

2冊目出しましょう!

今回はドベノラの他に

保護犬保護猫の話も描かせてもらいました

でも実はドベと暮らすまで保護犬や保護猫は言葉さえ知りませんでした

ドベに
保護犬の友達が出来て
初めてその存在を知り
ドベが虹の橋を
渡った後
ノラが
保護犬施設
シェルターから
我が家に来て
そのノラが
元野良犬だからか
わからないけど
ノラセンサー
犬猫
めっちゃ
拾う
そして色んな
保護団体とも
縁が出来て
その縁が
姉宅の猫に
つながり
気が付くと
たくさんの
縁に
つながってた
ドベから
始まった
糸が
絡まって
結ばれて
つながった
糸の先に
幸せがたくさん
ありますように
そしてご縁の先で
このお話を読んでくれた
あなたにもたくさんの
幸せが訪れますように
ここで出会えたご縁に感謝を　ヨシモフ郎

Photos

雪合戦

かぷり

大切なドベの
ストラップ

桜の下であくび

Dobe

コイビト

雪原を駆けまわる!

追いかけっこ!

Nora

スキンシップ

ケージでお留守番

友達増えたね

育毛してふかふかのしっぽ

花の絨毯の上にフセ

1秒でも幸せに長生きしてね

色褪せることのない君たちとの思い出。

ドベとノラ 2

犬(いぬ)が結(むす)んだご縁(えん)

2023年10月18日　初版発行
2024年 2 月15日　5 版発行

著者
ヨシモフ郎(ろう)

発行者
山下直久

発行
株式会社KADOKAWA
〒102-8177 東京都千代田区富士見2-13-3
電話0570-002-301（ナビダイヤル）

印刷・製本所
TOPPAN株式会社

ISBN 978-4-04-682668-8 C0095